Sue & Shy

Sue & Shy

Shinnie の貼布縫圖案集 2

Sue & Shy 的 友達可愛日誌

Preface

以貼近生活的圖案
收藏創作的美好日常

時隔2年，
我的第二本貼布縫圖案集，與大家見面囉！
這本書有兩位主角，一位是Shy，一位是Sue，

Sue姑娘，

相信喜愛貼布縫的大家都不陌生，
她總是戴頂帽子，不露臉，
是個愛穿澎裙的小姑娘。

Shy姑娘，

是由Shinnie設計的全新主角，
她喜歡露出害羞的小臉蛋，
愛穿澎裙戴高帽。

Shinnie以這兩位小姑娘為主角，
設計了一系列兩人一起生活，
玩耍有趣的日常點滴，
另外，還特別設計了
分別以她們為主角的26個英文字母圖案，
讓大家可以將圖案應用在所有的拼布作品上。

貼布縫是拼布技巧中的一項，
至今我仍樂此不疲專注於這項技巧，
原因在於，她能明白表現且貼近我的生活。
生活中的點點滴滴，
都可以用簡潔的筆觸畫稿表現，
再一一以我最喜歡的布料，幫她們添上色彩。

貼布縫在作品上可以運用的範圍十分廣泛，

喜歡製作拼布的朋友，

可以運用在製作袋物、小物、壁飾、家飾等等，

而拼布技巧尚未成熟的朋友，

則適合以市面上販售現成的布製素面素材，

例如餐墊、耳罩、編織袋物等生活小物，

運用圖案集，加工貼縫上自己喜愛的圖樣，

成為專屬個人風格的作品。

書上亦示範了多樣的半成品加工作品，

讓你可以簡單上手，替生活增添樂趣，

這本圖案集收錄了近70款圖案，

是本可以好好利用的拼布工具書，

期待您作出喜愛的作品與我分享！

Shinnie　網路作家・拼布職人

著作：

2009年《shinnie的布童話》（首翊出版）

2011年《shinnie的手作兔樂園》（首翊出版）

2013年《shinnie的精靈異想世界》（首翊出版）

2016年《Shinnie的Love手作生活布調》（雅書堂文化出版）

2017年《拼布友約！Shinnieの貼布縫童話日常》（雅書堂文化出版）

2021年《 Shinnieの拼布禮物：40件為你訂製的安心手作》
　　　　（雅書堂文化出版）

2022年《 Shinnieの貼布縫圖案集：我喜歡的幸福小事記》
　　　　（雅書堂文化出版）

2024年《 Shinnieの貼布縫圖案集2：Sue&Shy的友達可愛日誌》
　　　　（雅書堂文化出版）

Shinnie's Quilt House：台北市永康街23巷14號1樓

 購物網　　Instagram　　Facebook　　Shinnie貼布屋

Content 目錄

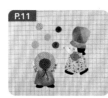

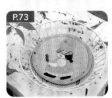

★隨書附贈精美圖案附錄別冊★

7

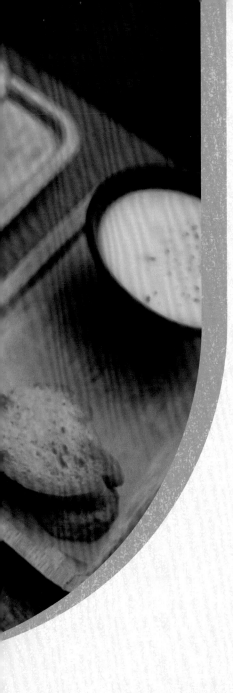

Sue & Shy's

友約時光

SHINNIE'S
LOVELY PATCHWORK

好朋友的日常，就是一起分享。
以喜歡的色彩調味，生活裡的酸甜苦辣。

Sue   Shy

提燈籠 　兔子造型，可可愛愛！

吹泡泡

來比賽吧，誰的泡泡，比較大顆？

跳繩運動　跳高高，飛高高！

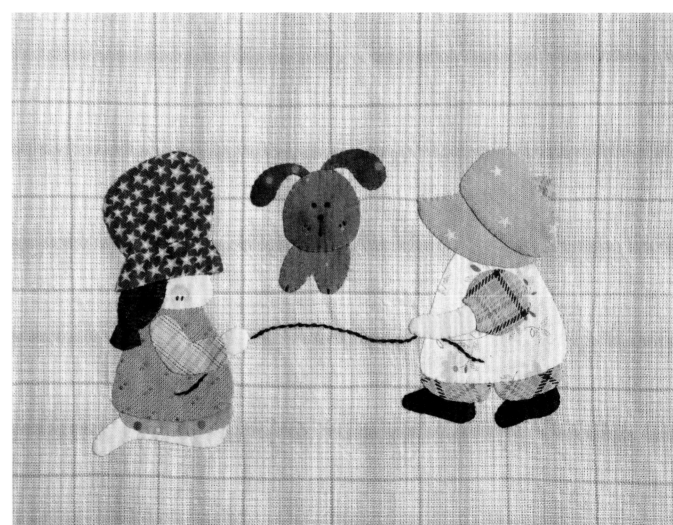

放風箏　風和日麗，帶著風箏一起去旅行！

兔寶寶布偶

兔寶寶，
是我最好的玩伴。

14

假扮女王

戴上手作披風，
我就是帥氣的女王。

小農娛樂

自己的蔥自己拔，
自宅料理加倍美味！

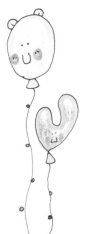

採橘子

大吉大利，
好事成雙！

料理樂

我的煎蛋技術一流！

飲茶

沏一壺好茶，
閒話家常，最放鬆了！

一起玩編織

在冬天來臨前，
打件毛衣，來交換禮物吧！

曬友情

趁著天晴,一起曬衣,
也曬曬我們的友情。

採花趣

你喜歡小雛菊，
我喜歡鬱金香，
花的香味，最療癒了！

賞花

春日好時節，
賞花踏青最棒了！

弄蝶

哈囉小蝴蝶，跟我一起玩吧！

藏蝶

嘿！猜猜我的蝴蝶躲在哪兒？

一起去郊遊

手拉手，
我們一起去郊遊！

春天的唱遊 啦啦啦～大聲唱歌，
可以帶來好心情喔！

與雪人有約　是誰把紅蘿蔔鼻子，
　　　　　　不小心掉在地上了？

Make a wish！

聽說，
在聖誕樹下真心地許願，
想要的願望都會實現喔！

Sue & Shy's

創意字母

SHINNIE'S LOVELY PATCHWORK

以英文字母作為創作元素,任意變化造型,
符合喜好及需求,製作送禮或自用的個性單品吧!

Sue　　Shy

chAllenge

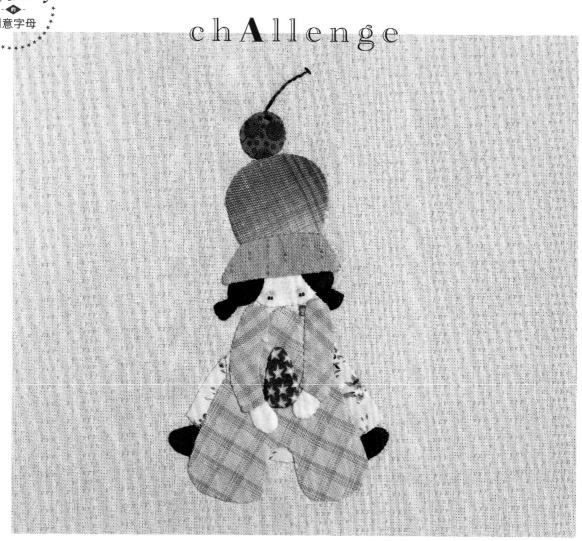

誰來挑戰，
把櫻桃頂在頭上吧！

take a Break!

帶著我的小兔子，
一起去散步！

Cake

準備好禮物，還有大蛋糕，
生日Party要開始囉！

漫步在花路上，
遇見了一朵小雛菊，
今天也是好天氣！

hEart

抱著一顆溫暖的心，
作喜歡的事情，
作喜歡的自己。

have Fun!

遛遛狗兒，玩玩手作，
自在生活，開心就好！

sing a sonG

把祝福寫在歌裡，
祝我開心，天天快樂！

Hope

保持希望，
是心想事成的最棒魔法！

I llke pInk!

我喜歡粉紅色，
也喜歡杯子蛋糕，
把日子過得甜甜蜜蜜，讚讚！

Journey

帶著我的冒險汽球，
期待一場未知的夢想旅行！

bacK

不要回頭，
保持速度，繼續向前，
我的背影很帥吧？

chiLL

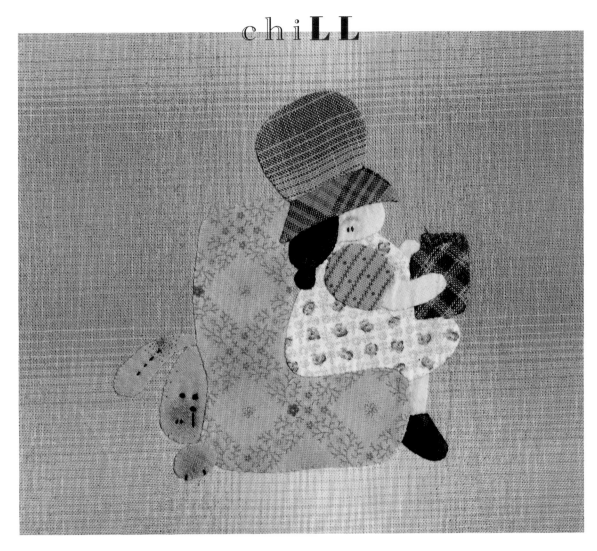

有時候，
就只想要賴在沙發，
一個人享受，享受一個人。

dreaM high

隨時隨地，
擁抱夢想，
永遠
都是自信起飛的最好機會！

Name

喜歡的風格，
都會寫上自己的名字，
收集自己的喜歡，
讓生活變得更加有趣。

One & Only

你有沒有
唯一不能放棄的興趣呢？
對我來說，就是創作吧！

my Planet

窩在我的小小星球，
喝咖啡，玩手作，
就是簡單的幸福。

DATE.2

Sue & Shy 的
創意字母

Queen's garden

我有一個漂亮小花園，
自己的花兒，
自己澆水，自己施肥，
我是自由自在的女王！

Recipe

今天要煮什麼呢？
義大利麵？日式咖哩飯？
我的專屬菜單，
是心情決定！

S u r p r i s e

美麗的驚喜，
就像是花火，
總在出乎意料之際，
悄悄來臨。

me Time

靜靜地坐下來，
享受獨處的空間，
與自己對話，
是最放鬆的時刻。

love yoUrself

買了一頂喜歡的帽子，
戴著它，四處去蹓躂，
我愛上自己的小旅行，
想去哪，就去哪。

Vip

我決定，
每一天
都要開開心心，
作自己的vip。

go With the floW

別擔心，
一切都會愈來愈好的，
相信自己，順其自然。

X o X o

每天起床，
都要給自己
一個大大的擁抱，
今天也要加油喲！

DATE.2

Sue & Shy 的

創意字母

just You & me

有你有我，
有好朋友，
用心陪伴，
是最珍貴的禮物。

z z Z

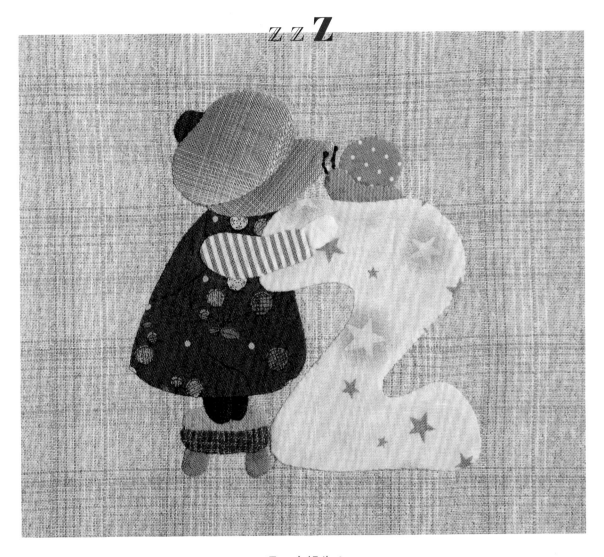

嘿，小蝸牛！
作了26個字母，
終於來到了Z，
你睡著了嗎zZZ？

Sue & Shy's

手作小日子

SHINNIE'S LOVELY PATCHWORK

將日常物品點綴上喜愛的貼布縫圖案，
增添質感，也讓生活更多了些手作趣味。

Sue   Shy

Sue & Shy
· · · · ·

彩色泡泡
眼鏡萬用袋

有別於市售眼鏡袋，
較為寬大不便攜帶，
自製扁薄版的手作眼鏡袋，
實用美觀，可收納小物，
亦能作為萬用隨身袋。

✂ 圖案附錄別冊 P.113 至 P.117
🐾 How to make P.83 至 P.89

以圖案延伸的概念，
設計袋物的主畫面，
讓吹泡泡的 Sue，
吹出繽紛的彩色泡泡。

Sue & Shy
• • • • •

兔子抱抱
側背藤包

選用市售小藤袋進行改造，
自己製作可愛圖案的袋蓋，
讓原本素雅的小包，
展現更加活潑明朗的風格。

✂ 圖案附錄別冊 P.95
🐾 How to make P.91

袋身縫上木珠，
袋蓋縫上皮繩，
就成了隱密性佳的
實用隨身包。

量出現有收納盒的尺寸，
為盒子加上蓋子，實用性倍增！

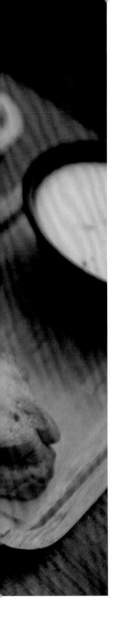

Sue & Shy

• • • • •

南瓜季節收納盒

以貼布圖案裝飾的收納盒，
放入調味料等用品，
是餐桌上的小風景。

✂ 圖案附錄別冊 P.99
☗ How to make P.91

Sue & Shy
•••••
開心廚房
大隨身包

簡約的袋子，

最適合作為貼布縫的胚袋，

隨心所欲地加上可愛圖案吧！

✂ 圖案附錄別冊 P.101
📖 How to make P.92

今天的廚房裡，會有什麼新的菜色呢？

Let's cook！

Sue & Shy
· · · · ·
手作女孩耳罩

將市售的保暖耳罩，
加上喜歡的圖案，
就是獨一無二的穿搭。

✂ 圖案附錄別冊 P.97
🐾 How to make P.92

選擇喜愛的圖案，
將縫份內摺，
以藏針縫固定於耳罩，
我的時尚自成一派！

在居家餐墊上，
作了節慶感的圖案，
是適合新年時節迎賓的可愛家飾。

Sue & Shy
• • • • •
新年快樂餐墊

放鞭炮，貼春聯，
以可愛感的家飾用品，
開啟新的一年。

✂ 圖案附錄別冊 P.105 至 P.107
📷 How to make P.92

Sue & Shy

• • • • •

害羞狗兒餐墊

✂ 圖案附錄別冊 P.109

🪡 How to make P.93

享用點心時，

如果能搭配上美美的餐墊，

用餐心情會更好喲！

Sue & Shy
❖ ❖ ❖ ❖ ❖
小鐵盤裝飾墊

平時收集了許多可愛雜貨，

為它們作個裝飾墊，

讓居家用品們

更多了些溫暖感覺。

✂ 圖案附錄別冊 P.111
🔲 How to make P.93

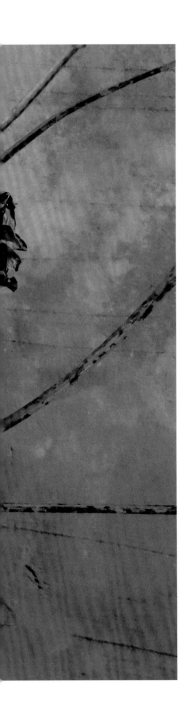

Sue & Shy

• • • • •

日常旅行造型框飾

✂ 圖案附錄別冊 P.103

▣ How to make P.90

把日常的大小瑣事，
想像成自由的旅行，
優雅的生活，愉快地悠遊。

買菜購物，
也可以是一件
優雅的事情。

Shinnie's Design Diaries

××× 設計記事

Sue，是喜愛製作貼布縫的朋友們，耳熟能詳的小姑娘，在設計時，覺得只有單純Sue的構圖稍顯單調，於是以我的女孩角色設計了Shy，讓她們成為好朋友，進而構思了一系列生活點滴，成為這本圖案集的創作契機。

　　印象中的Sue是位從來不露臉
的小姑娘，以無表情為特色，戴頂
帽子，似乎成了她的形象代表。而
我創造的Shy也有自己的特色，露出
一咪咪的小臉蛋及害羞的小臉頰，
戴頂高帽子，是她的最大特徵。

　　在構圖時，我只就她們的特
色作構圖發揮，帽子的特色十分隨
性。Sue除了圓帽外，我還幫她設
計了一款棒球帽呢！而Shy就以高
帽子為特色，帽下有時長髮飄逸，
有時綁個小辮子，就很可愛！

Shinnie's Design Diaries

設計記事

英文字母是很好的創作元素，書中提供的26個英文字母構圖，大家可以充分運用及創造出屬於自己的拼布作品。只要將姓名字母的縮寫，貼縫在生活上的布作小物，絕對是送禮自用兩相宜的好選擇。

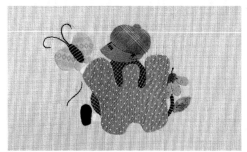

在設計26個字母的構圖時，我先將英文字母畫出，再就字母的特色，畫出搭配的娃娃動作及配角，當下的構圖沒有邏輯性，依我的喜好添油加醋！

　　配色是我最愛的環節，在賦予她們色彩的那一刻，是心情最愉悅的時刻。沒有理論的束縛，這兒添點紅，那兒添點綠，一點一滴，使黑白圖填上色彩，也沒有一定的規則，「開心就好」是我的創作理念！

　　我的創作時間沒有特定，有靈感就畫下來，經常欲罷不能，當手開始感到酸累時，就會告訴自己該歇歇了，將這些畫紙保留下來，就是日後圖案貼布縫的創作基礎筆記。對我來說，創作是一種享受，在設計的過程，心很專一，沒有其他雜事介入，當下的時空就是屬於我的天馬行空。

　　在創作以外的時間，我喜歡追劇，喜歡美食，喜歡旅遊，但始終最專一的興趣，就是手作！

Sue & Shy

貼布筆記

縫份小叮嚀

◆作法中用到的數字單位為cm。

◆拼布作品的尺寸會因為布料種類、壓線的多寡、舖棉厚度及縫製者的手感而略有不同。

◆貼布縫布片縫份約留尺寸：內摺縫份約留0.3cm，重疊覆蓋縫份約留0.5～0.8cm。

◆拼接布片縫份約留尺寸：0.7cm～1.5cm（舖棉作品因後製壓線作業，會導致表布尺寸縮小，所以外框縫份需約留1.5cm，壓線完成後，再對合一次紙型，將組合縫份裁至0.7cm～1cm，視作品大小。）

基礎縫法

平針縫

3出
1出
2入

回針縫

1出
3出
2入 4入

結粒繡

1出，
繞2至3圈
（依照想要的結粒大小決定）
2入

輪廓繡

3出
1出
2入

直線縫

2入
1出 3出

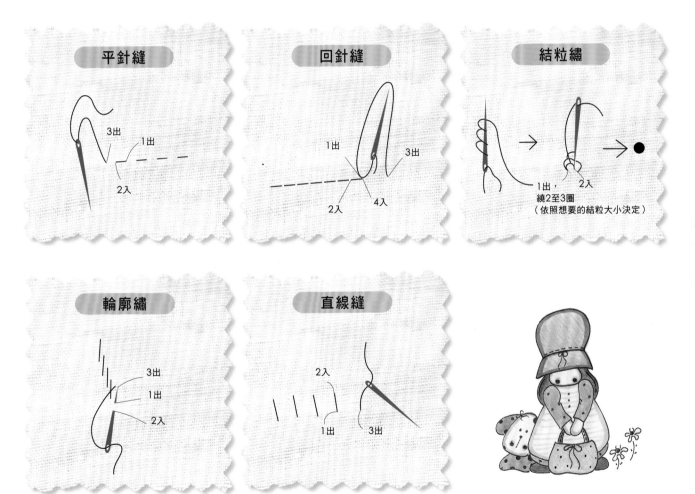

常用工具&材料

❶、❷ 繡線
❸、❹ 貼布線
❺ 皮革線（縫口金或提把用）
❻、❼ 壓縫線
❽ 縫份尺
❾、❿ 壓克力顏料（娃娃眼睛用）
⓫ 磁針盒
⓬ 水筆（消除記號線用）

⓭ 錐子（點娃娃眼睛）
⓮ 壓克力簽字筆（描繪型版用）
⓯、⓰ 白、藍水消記號線筆
⓱ 熱消筆
⓲ 白色（記號線）
⓳ 紅色色鉛筆（畫娃娃腮紅用）
⓴ 裁布剪刀
㉑ 小黑剪刀

基礎貼布縫

• • • • •

製作範例／彩色泡泡眼鏡萬用袋

材料

表布1片、貼布配色布4片、包釦用布4片、舖棉1片、
裡布1片、滾邊布1片、1.5cm塑膠包釦4顆、
塑膠暗釦1對、咖啡色繡線

作品範例 P.60　圖案附錄別冊 P.113 至 P.117

1

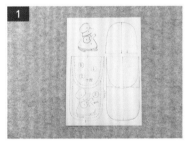

將貼布圖案以油性簽字筆描繪在
塑膠板上，並將版型剪下。

2-1

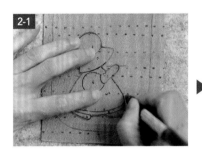

將剪下的版型以水消筆描繪在底
布上。

2-2

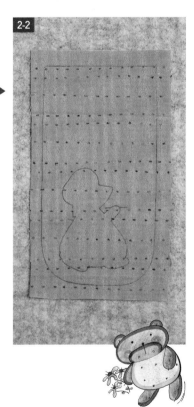

3

以水消筆將版型一一描繪在各色
貼布布片上。

4

外框縫份預留0.3cm，將各色貼
布布片剪下。

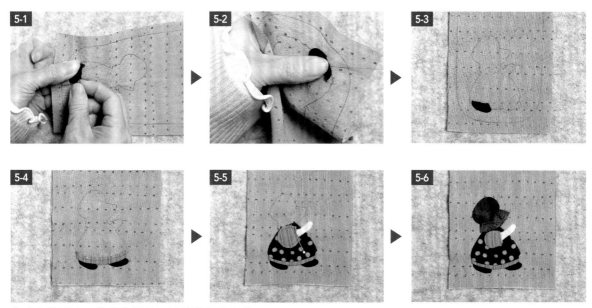

依貼布縫順序，縫份內摺後，開始進行貼布縫。

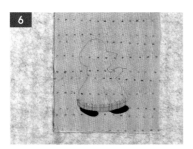

縫份不需內摺貼布縫處，以平針縫固定。

貼布縫完成後，以水消記號筆畫出繡圖記號線。

 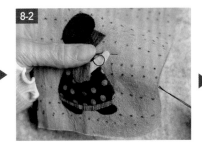 

以回針縫完成繡圖。

裁剪3cm正方形布片，畫上1.5cm包釦記號線。

縫份預留1cm剪下。

 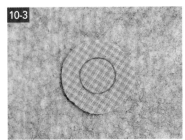 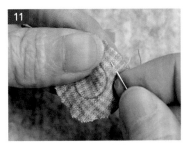

在記號線外以平針縫縫2圈。

85

將塑膠包釦放入，拉緊縮口，以對針縫縫合。

 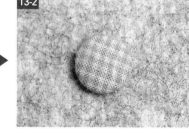 

包釦完成（另3顆作法相同）。

將完成的包釦縫合固定於前片表布上。

前片表布＋舖棉＋裡布三層壓線，後片與前片作法相同，完成舖棉壓線。

前片及後片表布對合版型裁剪
（版型已含0.7cm滾邊縫份）。

完成前表布上緣0.7cm滾邊。

前片裡布與後片裡布正面相對。

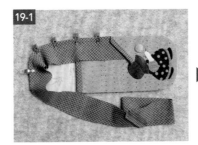

縫合0.7cm滾邊一圈。

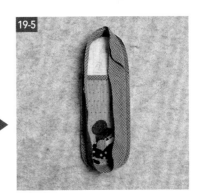

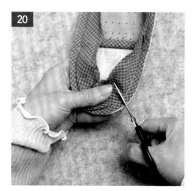

有弧度處需剪牙口。

另一側滾邊縫合。

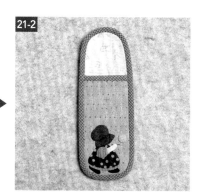

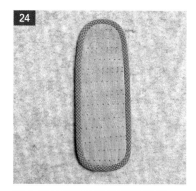

畫出暗釦記號處。

縫上暗釦。

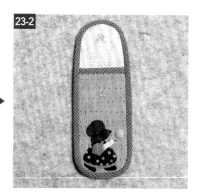

畫上後片3顆包釦位置記號線。

將包釦縫合固定。

作品完成。

基礎框物製作

• • • • •

製作範例／日常旅行造型框飾

材料

木框1個、完成貼布縫表布1片

📷 作品範例 P.74　✂ 圖案附錄別冊 P.103

1

如圖準備木框。

2-1

2-2

將後背木板，放置表布中心位置，以Z字縫方式固定縫份。

2-3

2-4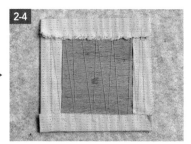

3

將完成圖案貼布縫的作品置入木框，即完成框飾。

成品運用教學說明

· · · · ·

P.62　兔子抱抱側背藤包

材料

市售藤包1個、表布1片、貼布布片數色、
舖棉1片、裡布1片、滾邊布1片、木珠1個、
細皮繩1條、皮製掛耳2個、織帶側背帶1條

✂ 圖案附錄別冊 P.95

HOW TO MAKE

1. 依藤包尺寸畫出袋蓋尺寸，作成版型。
2. 表布完成圖案貼布縫。
3. 表布＋舖棉＋裡布三層疏縫壓線，對合版型，修剪多餘縫份。
4. 找出細皮繩位置，以回針縫固定。
5. 完成0.7cm滾邊。
6. 袋身縫上木珠，袋口兩側縫上掛耳。

P.64　南瓜季節收納盒

材料

市售收納盒1個、表布1片、貼布布片數色、
滾邊布1片、舖棉1片、裡布1片、鬆緊帶1條、

✂ 圖案附錄別冊 P.99

HOW TO MAKE

1. 請先量出收納盒蓋的尺寸，畫出版型。
2. 取表布及配色布完成圖案貼布縫。
3. 表布＋舖棉＋裡布三層疏縫壓線。
4. 找出鬆緊帶位置，以回針縫固定。
5. 將表布與版型對合，完成滾邊0.7cm。
6. 將完成的表布固定於收納盒蓋上即完成。

P.66　開心廚房大隨身包

材料

市售素面麻布袋1個、貼布布片數色、
咖啡色繡線

✂ 圖案附錄別冊 P.101

HOW TO MAKE

1.將貼布縫圖形以水消筆畫在袋身上。
2.以圖案貼布縫裝飾即完成。

P.68　手作女孩耳罩

材料

市售現成耳罩1個、表布1片、
貼布布片數色、繡線2色（米白色、紅色）

✂ 圖案附錄別冊 P.97

HOW TO MAKE

1.以描圖紙描繪出耳罩實際尺寸，製作版型，縫份外留0.7cm。
2.表布完成圖案貼布縫，將縫份內摺以藏針縫固定於耳罩上，
　另一側作法相同。

P.70　新年快樂餐墊

材料

市售布餐墊1片、貼布布片數片、
咖啡色繡線

✂ 圖案附錄別冊
　P.105 至 P.107

HOW TO MAKE

1.將貼布縫圖形以水消筆畫在布餐墊上。
2.進行圖案貼布縫並完成繡圖。

P.72　害羞狗兒餐墊

材料

市售布餐墊1片、貼布布片數片、
咖啡色繡線

✂ 圖案附錄別冊 P.109

HOW TO MAKE

1.將貼布縫圖形以水消筆畫在布餐墊上。
2.進行圖案貼布縫並完成繡圖。

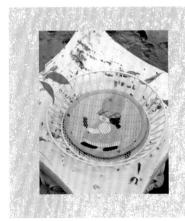

P.73　小鐵盤裝飾墊

材料

市售小物鐵盤1個、表布1片、貼布布片數色、
舖棉1片、裡布1片、滾邊布1片、咖啡色繡線　✂ 圖案附錄別冊 P.111

HOW TO MAKE

1.量出盤底的尺寸，製作版型。
2.取表布及配色布完成圖案貼布縫。
3.表布＋舖棉＋裡布三層疏縫壓線。

4.表布對合版型，完成0.7cm滾邊。
5.將完成表布置放於盤底，使平實的小物
　鐵盤增添了布的暖度。

Shinnie 貼布屋 02

Shinnieの貼布縫圖案集2
Sue & Shy 的友達可愛日誌

作　　者／Shinnie
發 行 人／詹慶和
執行編輯／黃璟安
編　　輯／劉蕙寧・陳姿伶・詹凱雲
執行美編／韓欣恬
插畫繪製／Shinnie
文案設計／黃璟安
紙型繪製／韓欣恬
攝　　影／吳宇童
攝影協助場地／時光窩窩
美術編輯／陳麗娜・周盈汝
出 版 者／雅書堂文化事業有限公司
發 行 者／雅書堂文化事業有限公司
郵政劃撥帳號／18225950
戶　　名／雅書堂文化事業有限公司
地　　址／新北市板橋區板新路206號3樓
電　　話／(02)8952-4078
傳　　真／(02)8952-4084
網　　址／www.elegantbooks.com.tw
電子信箱／elegant.books@msa.hinet.net

2024年6月初版一刷　定價 580 元

經　　銷／易可數位行銷股份有限公司
地　　址／新北市新店區寶橋路235巷6弄3號5樓
電　　話／(02)8911-0825
傳　　真／(02)8911-0801

國家圖書館出版品預行編目資料

Shinnie の貼布縫圖案集 2：Sue&Shy 的友達可愛日誌 /
Shinnie 著 . -- 初版 . -- 新北市：雅書堂文化事業有限公司，
2024.06
　面；　公分 . -- (Shinnie 貼布屋；2)
ISBN 978-986-302-715-7(平裝)

1.CST: 拼布藝術 2.CST: 手工藝

426.7　　　　　　　　　　　　　　　　　113006263

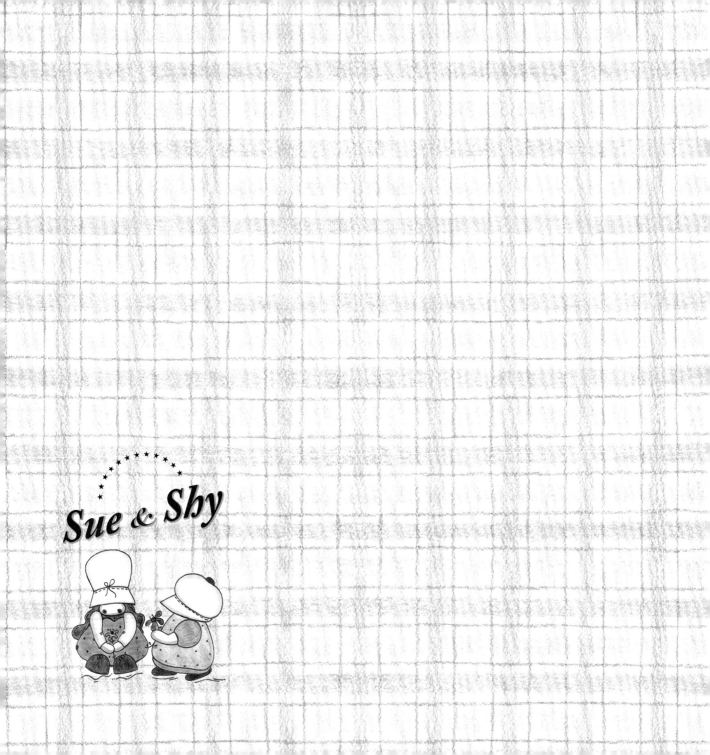

Sue & Shy 的友達可愛日誌

Shinnie の貼布縫圖案集 2
圖案附錄別冊

圖案附錄別冊
使用說明

1. 請選擇欲製作的作品,自行縮放影印所需的尺寸描圖使用。

2. 圖案上的標記數字,為貼布縫的順序說明。

3. 裁剪各色貼布布片時,縫份請外加0.3cm。

4. 圖案標示繡圖處,建議使用雙股咖啡色繡線或參考全彩本作品依個人喜好選色完成繡圖。

5. 基礎貼布縫作法,請參考全彩本P.83步驟說明。

提燈籠

☑ 作品配色範例 P.10

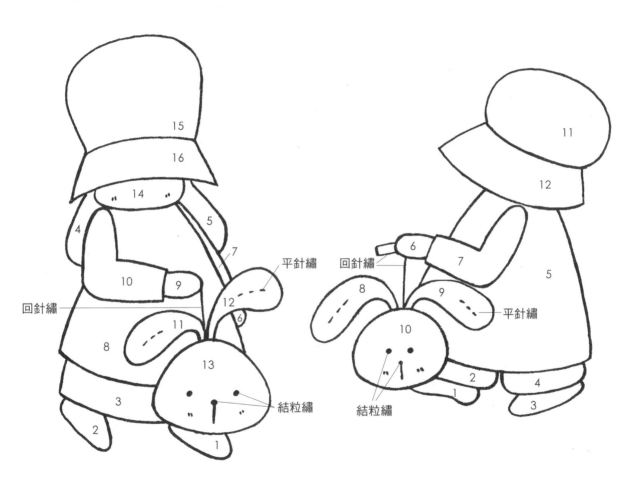

15
16
14
4
5
7
10
9
12
6
11
8
13
3
2
1

平針繡
回針繡
結粒繡

11
12
6
5
7
8
9
10
2
4
1
3

回針繡
平針繡
結粒繡

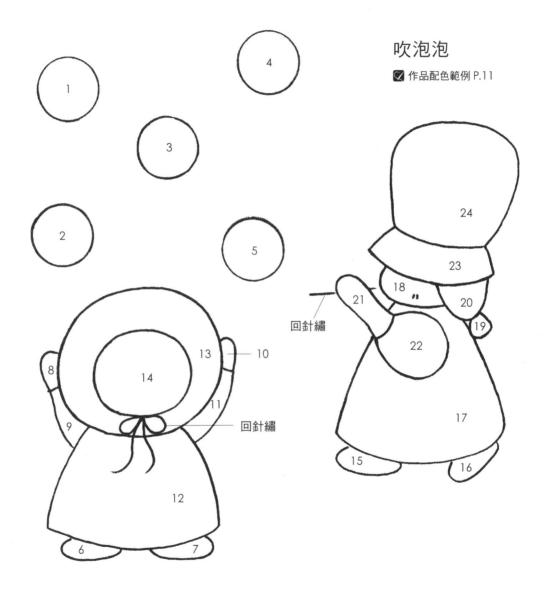

吹泡泡

☑ 作品配色範例 P.11

回針繡

回針繡

7

跳繩運動

☑ 作品配色範例 P.12

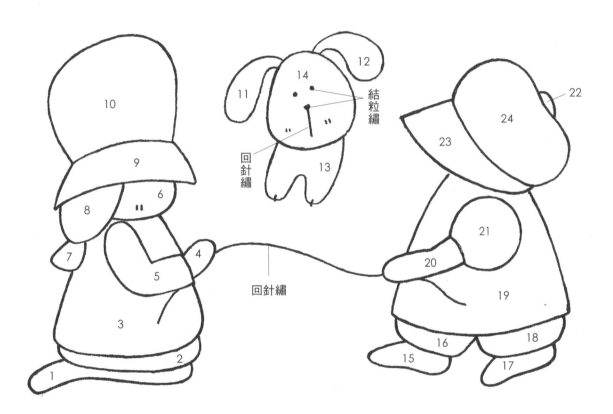

結粒繡

回針繡

回針繡

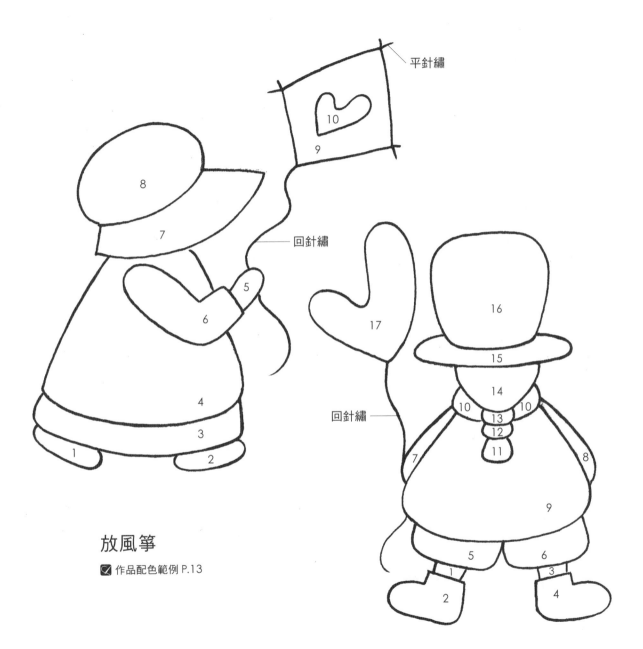

平針繡

回針繡

回針繡

放風箏

☑ 作品配色範例 P.13

兔寶寶布偶

☑ 作品配色範例 P.14

平針繡

結粒繡

假扮女王

作品配色範例 P.15

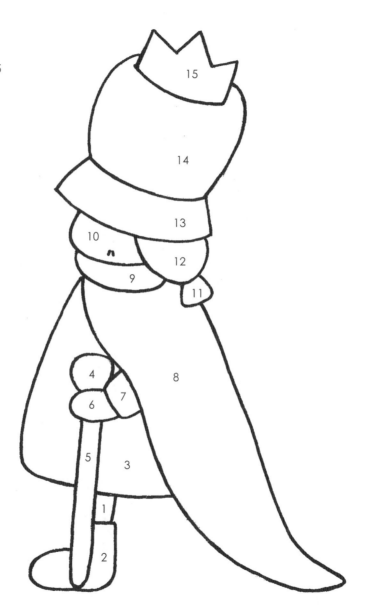

小農娛樂

☑ 作品配色範例 P.16

採橘子

☑ 作品配色範例 P.17

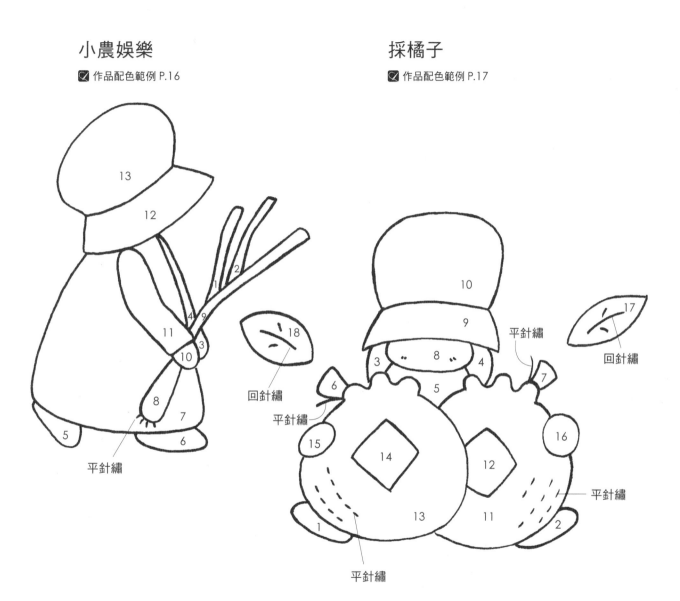

平針繡

回針繡

平針繡

平針繡

回針繡

平針繡

平針繡

料理樂

☑ 作品配色範例 P.18

飲茶

作品配色範例 P.19

回針繡　結粒繡

回針繡

一起玩編織

✅ 作品配色範例 P.20

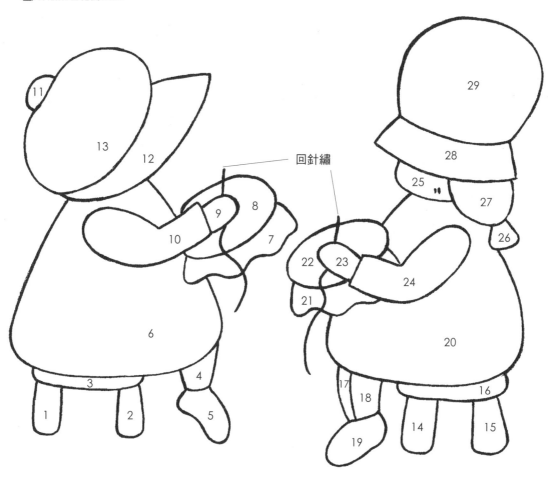

回針繡

曬友情

✔ 作品配色範例 P.21

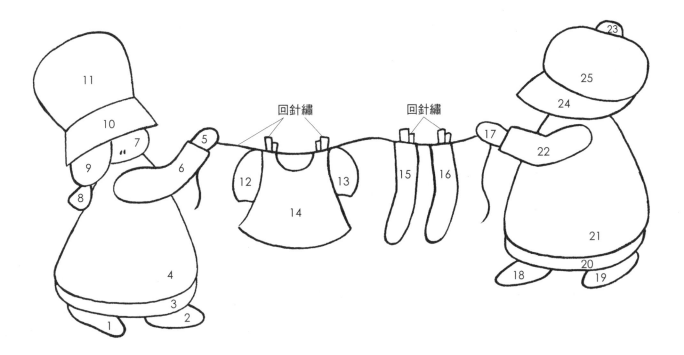

回針繡　　　　回針繡

採花趣

☑ 作品配色範例 P.22

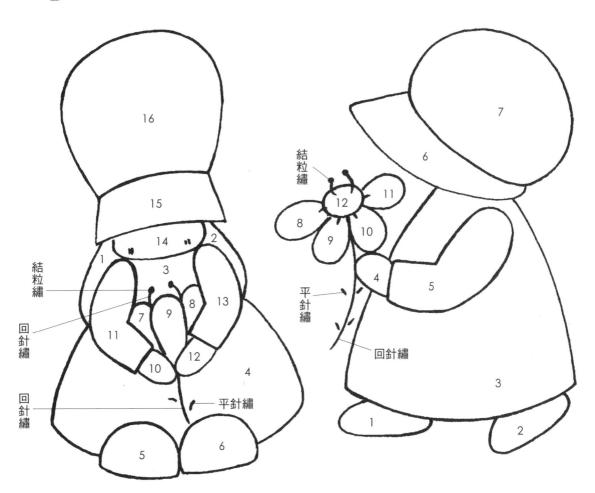

賞花

☑ 作品配色範例 P.23

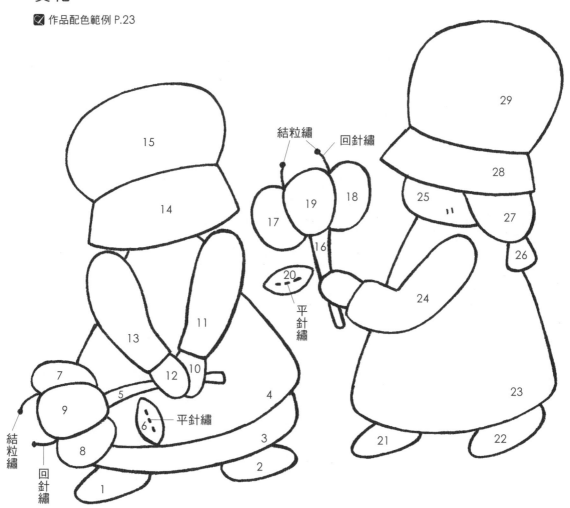

結粒繡

回針繡

平針繡

結粒繡

回針繡

平針繡

弄蝶

☑ 作品配色範例 P.24

回針繡

20

10

9

11

平針繡

回針繡

19

16

18

13

17

12

3

2

7

1

15

6

14

8

回針繡

4   5

藏蝶

☑ 作品配色範例 P.25

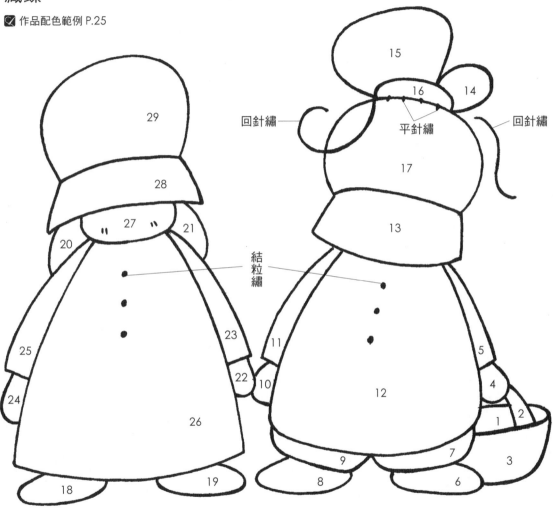

回針繡

平針繡

回針繡

結粒繡

一起去郊遊

☑ 作品配色範例 P.26

春天的唱遊

☑ 作品配色範例 P.27

37

與雪人有約

☑ 作品配色範例 P.28

結粒繡

平針繡

平針繡

回針繡

Make a wish !

✅ 作品配色範例 P.29

平針繡

平針繡

英文字母 [A]

✓ 作品配色範例 P.32

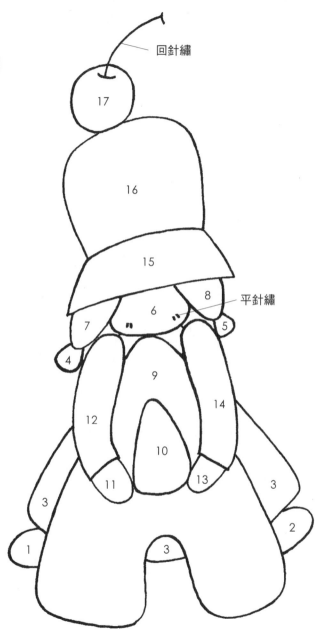

回針繡

平針繡

英文字母 [B]

☑ 作品配色範例 P.33

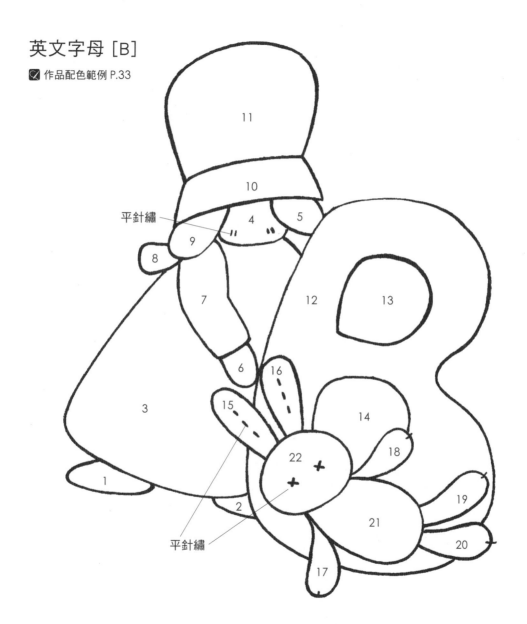

平針繡

平針繡

英文字母 [C]

☑ 作品配色範例 P.34

回針繡

結粒繡

英文字母 [D]

☑ 作品配色範例 P.35

英文字母 [E]

☑ 作品配色範例 P.36

英文字母 [F]

☑ 作品配色範例 P.37

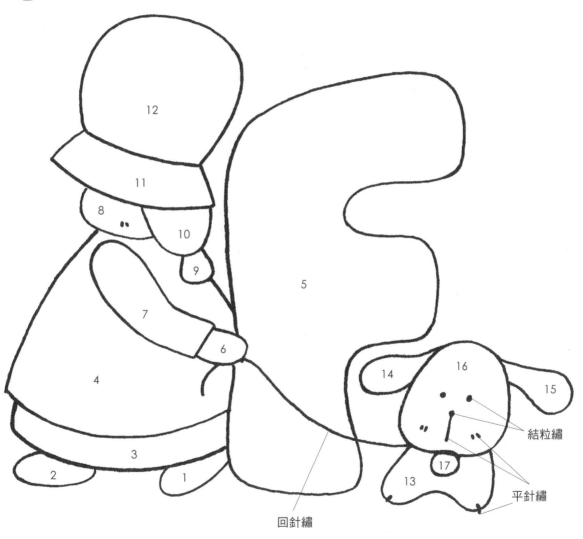

結粒繡

平針繡

回針繡

英文字母 [G]

作品配色範例 P.38

平針繡

英文字母 [H]

☑ 作品配色範例 P.39

英文字母 [I]

作品配色範例 P.40

回針繡

英文字母 [J]

☑ 作品配色範例 P.41

回針繡

英文字母 [K]

☑ 作品配色範例 P.42

回針繡

英文字母 [L]

☑ 作品配色範例 P.43

結粒繡

平針繡

英文字母 [M]

✅ 作品配色範例 P.44

結粒繡

英文字母 [N]

☑ 作品配色範例 P.45

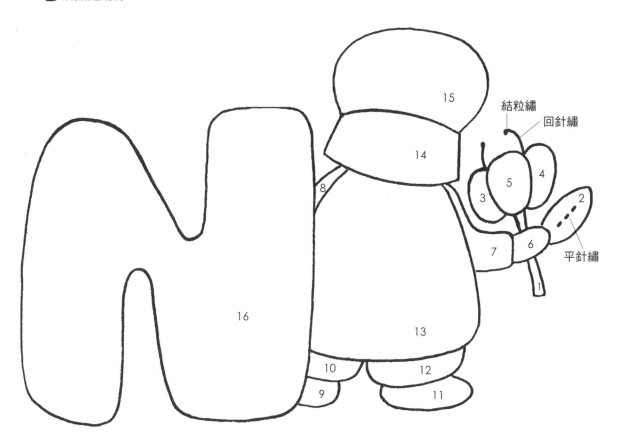

結粒繡

回針繡

平針繡

英文字母 [O]

☑ 作品配色範例 P.46

英文字母 [P]

☑ 作品配色範例 P.47

回針繡

英文字母 [Q]

☑ 作品配色範例 P.48

英文字母 [R]

✓ 作品配色範例 P.49

英文字母 [S]

☑ 作品配色範例 P.50

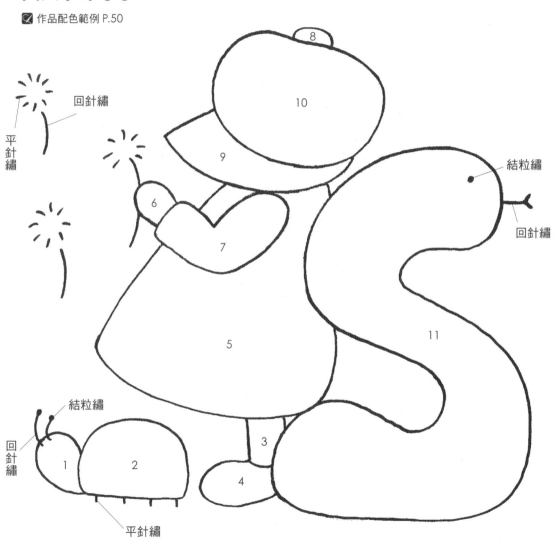

回針繡

平針繡

結粒繡

回針繡

結粒繡

回針繡

平針繡

英文字母 [T]

☑ 作品配色範例 P.51

英文字母 [U]

☑ 作品配色範例 P.52

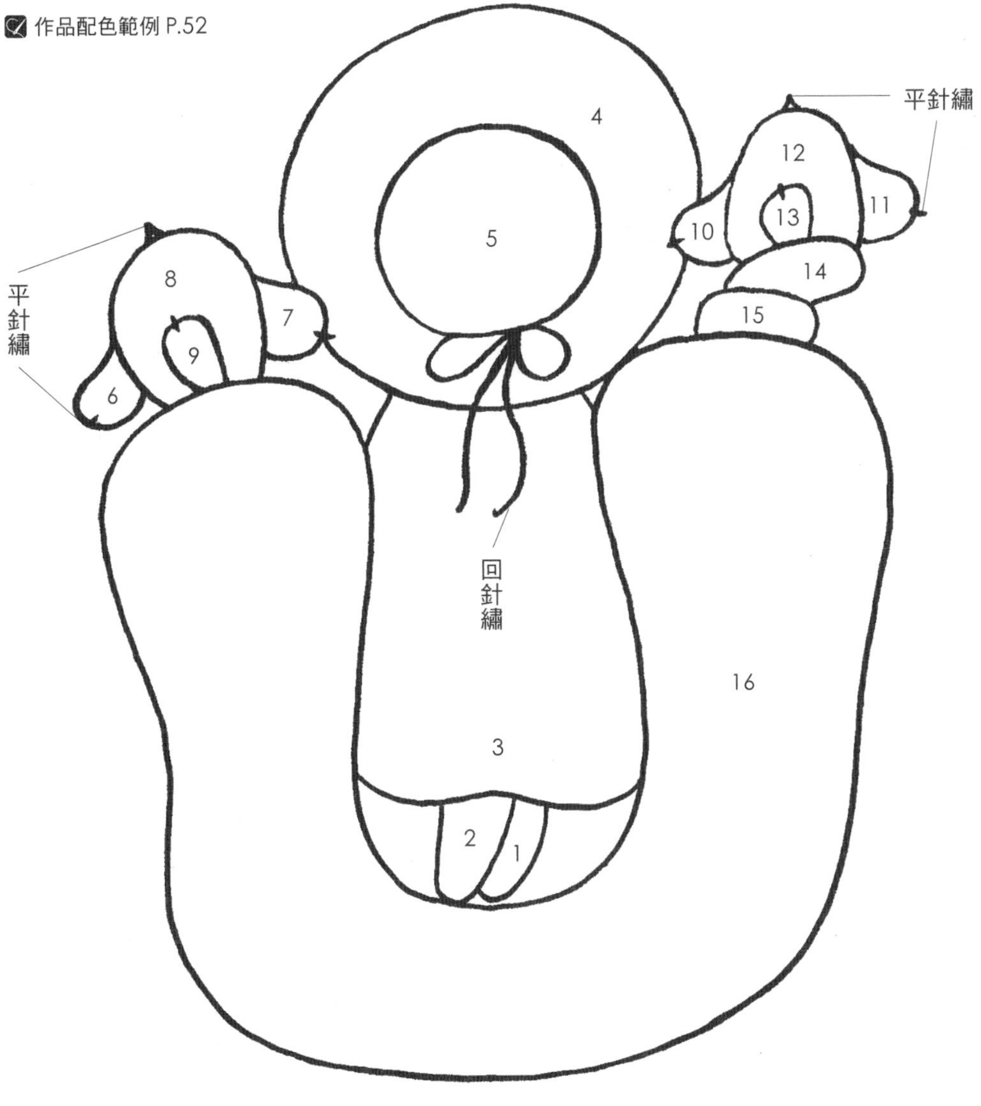

平針繡

平針繡

回針繡

4

5

8

9

6

7

12

13

10

11

14

15

16

3

2

1

英文字母 [V]

☑ 作品配色範例 P.53

英文字母 [W]

☑ 作品配色範例 P.54

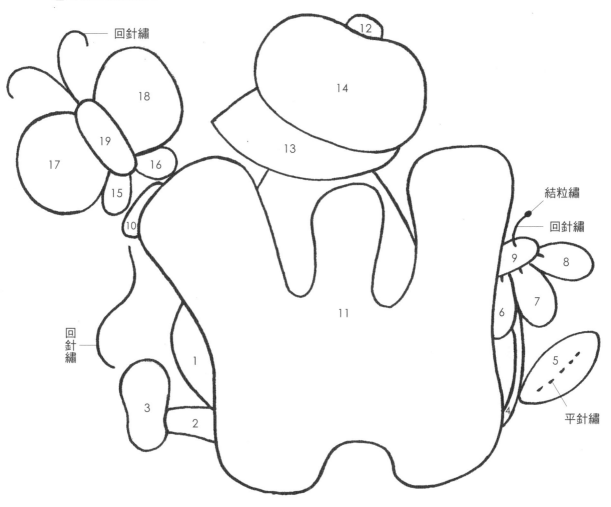

回針繡

18

19

17

16

15

10

12

14

13

結粒繡

回針繡

9

8

6

7

11

5

回針繡

1

3

2

4

平針繡

英文字母 [X]

☑ 作品配色範例 P.55

平針繡

英文字母［Y］

☑ 作品配色範例 P.56

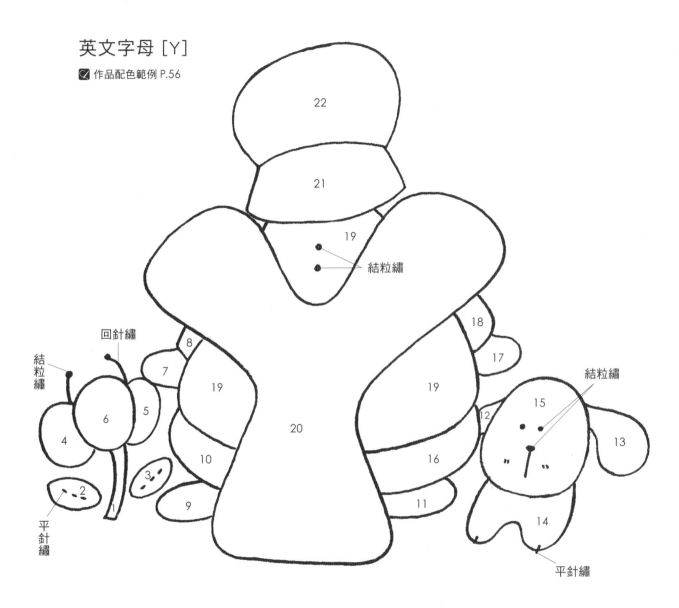

結粒繡

回針繡

平針繡

結粒繡

平針繡

英文字母 [Z]

☑ 作品配色範例 P.57

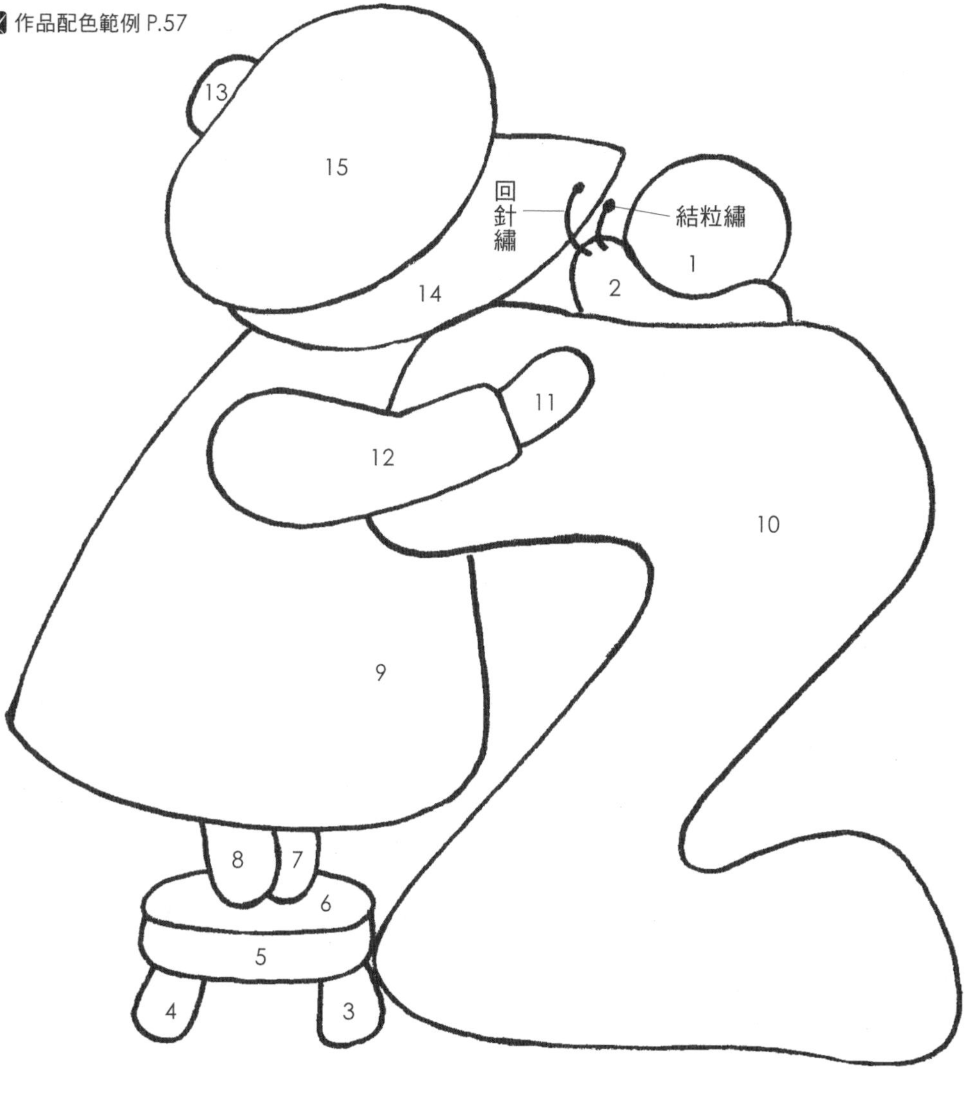

13

15

回針繡

結粒繡

14

1

2

11

12

10

9

8 7

6

5

4 3

兔子抱抱側背藤包

☑ 作品配色範例 P.62
🐾 How to make P.91

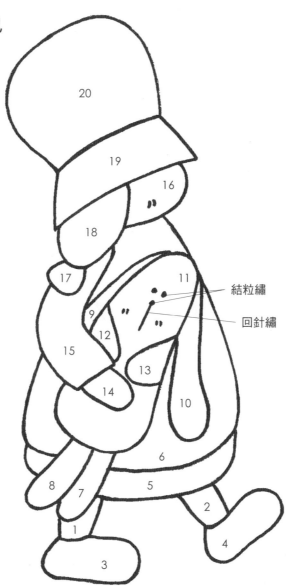

20

19

16

18

17

11

結粒繡

9

回針繡

12

15

13

14

10

6

8   7   5

2

1

3

4

手作女孩耳罩

☑ 作品配色範例 P.68
☙ How to make P.92

回針繡

回針繡

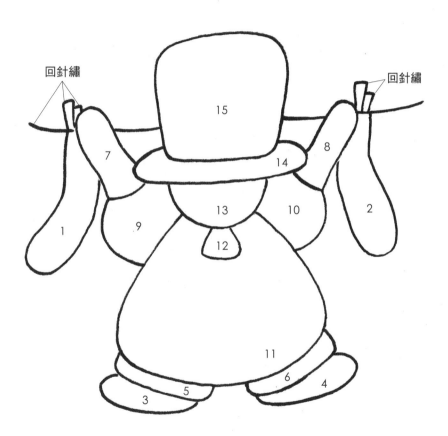

南瓜季節收納盒

☑ 作品配色範例 P.64
How to make P.91

開心廚房大隨身包

☑ 作品配色範例 P.66
🔲 How to make P.92

15
14

3
4
13
8
12
7
平針繡
5
6
10
9
11
結粒繡
1
2

日常旅行造型框飾

☑ 作品配色範例 P.74
🖼 How to make P.90

新年快樂餐墊

☑ 作品配色範例 P.70
🗂 How to make P.92

平針繡

回針繡

新年快樂餐墊

☑ 作品配色範例 P.70
🐾 How to make P.92

回針繡

平針繡

害羞狗兒餐墊

☑ 作品配色範例 P.72
🐾 How to make P.93

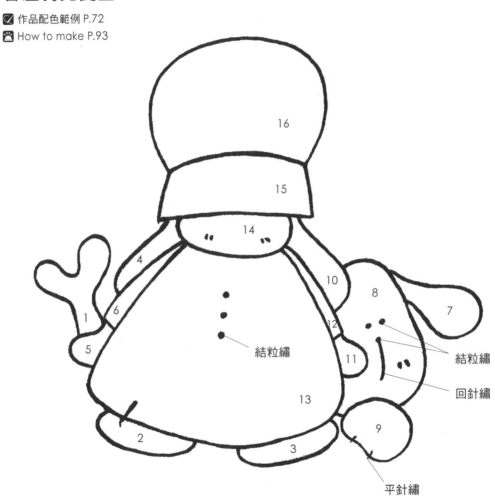

16

15

14

4

10

1

6

8

7

5

12

結粒繡

11

結粒繡

回針繡

13

9

2

3

平針繡

小鐵盤裝飾墊

☑ 作品配色範例 P.73
🐾 How to make P.93

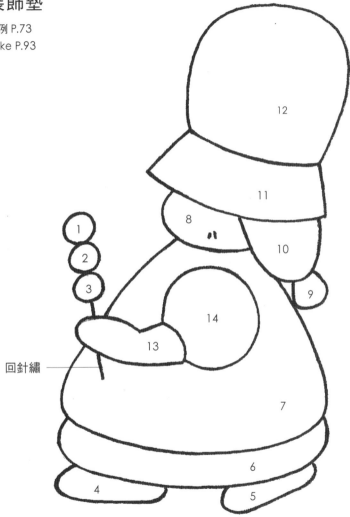

回針繡 ———

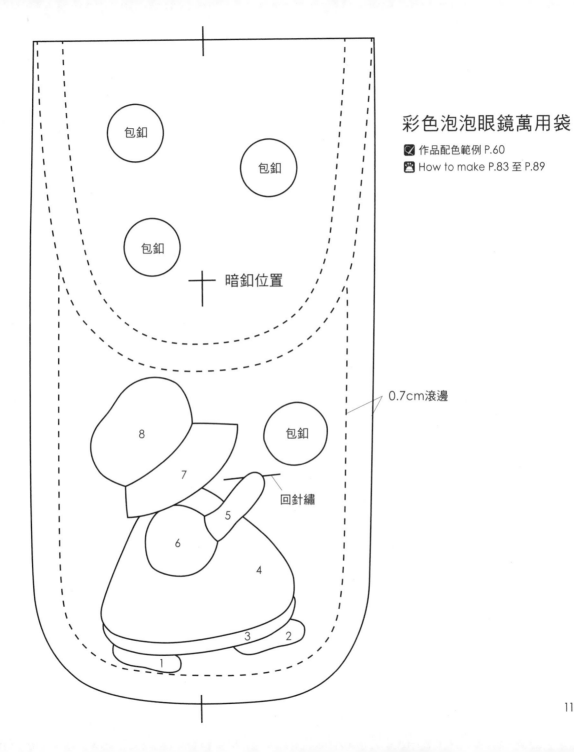

彩色泡泡眼鏡萬用袋

☑ 作品配色範例 P.60
📖 How to make P.83 至 P.89

包釦

包釦

包釦

✚ 暗釦位置

0.7cm滾邊

8

7

包釦

5

回針繡

6

4

3

2

1

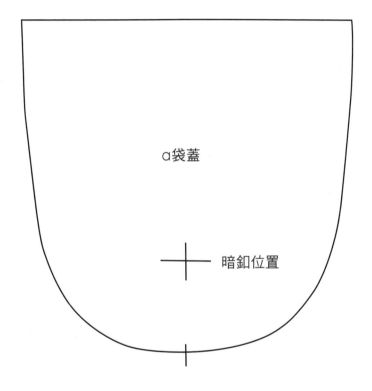

a袋蓋

＋ 暗釦位置

彩色泡泡眼鏡萬用袋

☑ 作品配色範例 P.60
🐾 How to make P.83 至 P.89

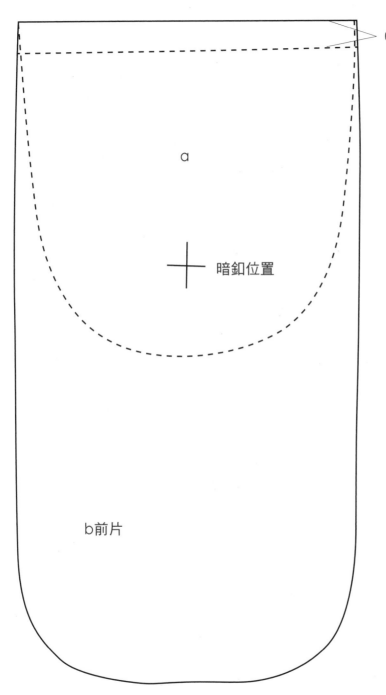

0.7cm滾邊

a

彩色泡泡眼鏡萬用袋

☑ 作品配色範例 P.60
🍳 How to make P.83 至 P.89

✛ 暗釦位置

a＋b=後片

b前片

Shinnie 貼布屋 02

Shinnieの貼布縫圖案集2
Sue & Shy 的友達可愛日誌（圖案附錄別冊）

作　　者／Shinnie
發 行 人／詹慶和
執行編輯／黃璟安
編　　輯／劉蕙寧・陳姿伶・詹凱雲
執行美編／韓欣恬
插畫繪製／Shinnie
文案設計／黃璟安
紙型繪製／韓欣恬
攝　　影／吳宇童
攝影協助場地／時光窩窩
美術編輯／陳麗娜・周盈汝
出 版 者／雅書堂文化事業有限公司
發 行 者／雅書堂文化事業有限公司
郵政劃撥帳號／18225950
戶　　名／雅書堂文化事業有限公司
地　　址／新北市板橋區板新路206號3樓
電　　話／(02)8952-4078
傳　　真／(02)8952-4084
網　　址／www.elegantbooks.com.tw
電子信箱／elegant.books@msa.hinet.net

2024年6月初版一刷　定價 580 元

經　　銷／易可數位行銷股份有限公司
地　　址／新北市新店區寶橋路235巷6弄3號5樓
電　　話／(02)8911-0825
傳　　真／(02)8911-0801

國家圖書館出版品預行編目資料

Shinnie の貼布縫圖案集 2：Sue&Shy 的友達可愛日誌 /
Shinnie 著 . -- 初版 . -- 新北市：雅書堂文化事業有限公司，
2024.06
　面；　公分 . -- (Shinnie 貼布屋；2)
ISBN 978-986-302-715-7(平裝)

1.CST: 拼布藝術 2.CST: 手工藝

426.7　　　　　　　　　　　　　　　113006263